了解中国大豆
探寻隐藏在大豆中的
人类文明进化史
画说
大豆简史
青铜豆
唐 珂 吴月芳◎主编
聂 辉◎绘
U0257466
农村读物出版社
中国农业出版社
北 京

图书在版编目（CIP）数据

画说大豆简史 / 唐珂，吴月芳主编；聂辉绘.—北京：农村读物出版社，2024.3
ISBN 978-7-5048-5852-8

Ⅰ.①画… Ⅱ.①唐…②吴…③聂… Ⅲ.①大豆－农业史－中国－图解 Ⅳ.①S565.1-092

中国国家版本馆CIP数据核字(2024)第069065号

画说大豆简史
HUA SHUO DADOU JIANSHI

农村读物出版社出版
地址：北京市朝阳区麦子店街18号楼
邮编：100125
责任编辑：宁雪莲　徐　静　全　聪　　文字编辑：赵冬博
版式设计：李　爽　　责任校对：张雯婷　责任印制：王　宏
印刷：北京缤索印刷有限公司
版次：2024年3月第1版
印次：2024年3月北京第1次印刷
发行：新华书店北京发行所
开本：787毫米×1092毫米　1/16
印张：5
字数：76千字
定价：35.00元

版权所有 · 侵权必究
凡购买本社图书，如有印装质量问题，我社负责调换。
服务电话：010－59195115　010－59194918

编 委 会

总 策 划： 唐　珂

主　　编： 唐　珂　吴月芳

参　　编： 王　洋　张志胜

《画说大豆简史》是一本有关大豆的科普新作，作者阐述了蕴藏在中国大豆中的文明进化历史。中国先民将野生大豆驯化为栽培大豆，古人称“圣人治天下，使有菽粟如水火”。大豆约含 40% 蛋白质和 20% 油脂，是高营养作物。两三千年前，大豆就是国人蛋白质营养的主要来源，小米则是淀粉营养的主要来源。有史以来淀粉营养来源有所变迁，但大豆则一直是蛋白质营养主要的直接（食用）和间接（饲用）来源。中国是大豆食品和豆制品的发源地，数千年来，由大豆衍生的大豆饮食文化和大豆加工产业，为国人带来了健康、带动了经济，更呵护着我们中华民族农耕文化五千年绵延不断的根基！保障大豆产业的发展涉及我国种植业、养殖业以及食品加工业的安全，涉及国家经济的稳定和可持续发展。《画说大豆简史》以生动活泼的话题，如“大豆简史”“豆食春秋”“菽水长歌”“神奇百变”，介绍了大豆的起源、大豆加工食品的发明、食用大豆的历史典故以及大豆新兴食品的开发。《画说大豆简史》是读者茶余饭后增加大豆知识的优良读物，它的出版将对弘扬中华文化，推动大豆饮食、大豆产业、大豆文化的社会传播，提高国人的健康水平起到积极的推动作用。

2023.10.22

大豆礼赞

唐　珂

问其何时长？问豆几时圆？
春播一粒种，秋飨一片田。
一颗豆，圆又圆，结庐人境无嗓喧；
荷锄种豆望南山，中原植菽逾千年。
一颗豆，圆又圆，大豆家在黄河边；
济世之谷传世界，遍经风雨久屹然。
一颗豆，圆又圆，煮豆燃萁佐三餐；
信知磨砺出精神，清白豆腐赋清廉。
一颗豆，圆又圆，化作寒浆照华颜；
古今多少才学士，食豆养心去忧烦。
一颗豆，圆又圆，身系家国万万千；
春华秋实岁重岁，菽水长歌年复年；
一分耕耘一收获，青出于蓝胜于蓝。
一颗豆，圆又圆；
此中有真意，欲说已忘言。
一颗豆，圆又圆；
不以清贫弃远志，留于人间香漫天！
（即颂）

中国是大豆的故乡，也是豆制品的发祥地。自古以来，中国人习惯种豆、采豆、食豆、咏豆，大豆在中国栽培并用作食物及药物的历史已超 8 000 年！并通过陆上和海上丝绸之路走向世界，成为影响世界粮食种植结构和饮食风尚的重要粮食作物。

民以食为天，农为食之源。大豆生产与水稻栽培、种茶制茶、养蚕缫丝一道跻身“中国农业的四大发明”。大豆和豆制品对中华农耕文明和民族饮食文化的形成与发展产生了深远影响，并由此衍生出了独具中国农耕文明特点的大豆美食和大豆文化。中国从 8 000 多年前驯化和栽培大豆，到 2 000 多年前发明和食用豆腐，大豆和豆制品不但早已成为国人日常生活离不开的食品，而且在生产、加工和消费利用方面长期处于世界领先地位，如英语中的 soy、法语中的 soya、德语中的 sojia 等读音接近大豆的古名“菽”，英语中的 tofu，俄语中的 тофу 等读音与“豆腐”相同，还有豆浆（豆奶）产品风靡欧美，中西饮食因“豆”交融而出现的大豆奶昔、大豆素肉等。源自中国的大豆和豆制品对全球的农作物种植体系、农业经济、饮食文化、食品工业等的发展都做出了不可磨灭的重要贡献，产生着深远、悠久、绵长的重要影响。

根据联合国粮食及农业组织（FAO）的报告，以大豆为代表的豆类，与我们的生存环境、身体健康之间存在着非常密切且重要的关系。2018 年，联合国大会第 73 届会议决定将每年的 2 月 10 日设为“世界豆类日”。与此同时，作为“端牢中国饭碗”和“国家营养战略”的重要支撑，中国推出“大豆和油料产能提升工程”一揽子支持政策，中华民族的“奇迹豆”再次踏上了波澜壮阔的新征途。

一颗大豆，万众同心。本书是一本有关大豆和豆制品的百科全书，也是一部以大豆为主题的对中华农耕文明的赞歌，将通过大豆家族的代表“豆豆”的介绍，透过一个个种豆、磨豆、食豆的故事，细数大豆和大豆食品的文化、价值、历史与未来。

一生“豆”是你，“福”气伴终生。

问萁何时长？问豆几时圆？
春播一粒种，秋飨一片田。

目 录

大豆简史

为什么说“中国是大豆的故乡”？

你知道一颗大豆从播种到收获需要多少天吗？

原产于中国的大豆，是怎样走向世界的？

我想，读完后面的这些故事，你会对大豆、对中国、对我们的农耕文明有新的认知。

中国——大豆的故乡

人们常说，中国是大豆的故乡，其实严格来说，称“中国是栽培大豆的故乡”更为准确。

中国自古以农立国，耕读传家，创造了源远流长、灿烂辉煌的农耕文明，长期领先世界。水稻栽培、大豆生产、养蚕缫丝、种茶制茶更被誉为“中国农业的四大发明”。根据苏联著名生物学家瓦维洛夫的调查研究，世界上最重要的640种作物中，起源于中国的有136种。具体到大豆，作为中外学者的基本共识，农业考古已经证实，早在远古部落时代，中华先民就已经开始采集野生大豆，并经过不断尝试与积累经验，一步步将大豆从野草驯化成为与“粟”同等重要的粮食作物，对中华文明和世界文明的发展产生了广泛而深远的影响。

大豆栽培技术

在大豆的栽培技术方面，中华先民除了注意整地、抢墒播种、精细管理、施肥灌溉、适时收获、晒干贮藏、选留良种等，最突出的是轮作和间、混、套种，还有肥稀瘦密和整枝。如今，世界有50多个国家种植大豆，追根溯源，它们的大豆栽培技术都发端于中国。

大豆的起源传说

有关大豆的种植起源和推广，文献记载和民间传说中，除了有黄帝“艺五种”、后稷“教民稼穑”，还有“大豆生于槐”（出自《神农书》的记载）、管仲“出戎菽”（《管子·戒》记载的“北伐山戎，出冬葱与戎菽，布之天下”）等记载。细细梳理这些记载传说可以发现，大豆的出现，不但解决了人们的吃饭问题，还降低了人们的患病概率、增强了人们的体质、延长了人们的寿命。也正因如此，大豆种植和食用一经出现，便在中华大地上得到了广泛推广！

黄帝“艺五种”

在上古时代，人们依靠原始的渔猎和采食野果维持生存，这种“采树木之实，食蠃蛖之肉”的结果，造成“伤害腹胃，民多疾病”，进而使当时的人们“多疾病毒伤之害”，很多人只活到十几岁、二十多岁就死去了。后来，随着原始部族的发展融合，黄河流域逐渐形成了史书上所说的“炎（帝）黄（帝）各有天下之半”的对峙局面，在炎黄之战爆发前，黄帝为备战，曾命人“治五气，艺五种”，以“抚万民，度四方”。这里的“艺

五种”指的是种植黍、稷、菽、麦、稻这五种农作物，而“菽”指的就是大豆。正是因为黄帝“艺五种”这一创举、种植与食用大豆习惯的形成，黄帝部落的族人身体越来越强壮、疾病越来越少、寿命越来越高，并最终战胜炎帝、战胜蚩尤。为纪念黄帝对种植大豆的发现和推广贡献，后世的人们也习惯称大豆为“黄豆”。

后稷“教民稼穑”

在尧舜时代，有一个负责农业的官员名叫后稷，出生于今天的山西省稷山县。他小时候，有一年春天，看见原本被一只周身通红的鸟儿衔着的一棵“九穗谷”掉到了地上，后稷出于惜物之心，把那棵“九穗谷”埋到了土里。后来，后稷再经过埋“九穗谷”的地方时，发现那里竟长出了一片谷田。受此启发，后稷和小伙伴们开始有意识地采集一些植物的种子，埋进土里试种。这其中，后稷最喜欢种麻（苎麻）和菽（大豆），并且以麻（苎麻）和菽（大豆）种得最好。再后来，后稷长大了，赶上天下大旱，百姓生活困难到了“煎沙烂石，天下作饥”的程度，后稷被举荐为“农师”，通过试种，因宜耕种、耐瘠薄、收获多等特点，又从“百谷”中提炼出了黍、稷、菽、麦、稻这“五谷”，并让黎民百姓耕种、食用“五谷”，解决了当时人们的吃饭问题。为纪念后稷“教民稼穑”，人们在他教人种庄稼的地方建立了教稼台（位于陕西省武功县），并将他奉为国家祭典中的“五谷之神”。而大豆能入选“五谷”，原因可以在《春秋考异邮》中找到，书中明确记载“菽者稼最强”，意思是大豆（菽）在农作物中营养支撑和种植应用范围等综合价值最高。

大豆与“五谷”
教稼台
春秋考异邮

考古遗址中的大豆

我国的祖本野生大豆遍布大江南北。丰富的野生大豆资源为栽培大豆最早起源于中国提供了有力的自然证据。通过考古工作者的辛勤努力，大量的考古发现已经可以证明中国是栽培大豆的起源地。我国东北、华东、华北、华中、西北等地区均出土过春秋时期以前的半栽培或栽培大豆品种，大豆在古代中国经历了从野生到栽培的驯化过程，商周时期以后栽培大豆品种趋于成熟。

植物考古，怎么区分野生大豆和栽培大豆？

作为栽培大豆的发源地，从植物考古领域来说，我国很多地方都出土了大豆遗存，大量证据印证了大豆在我国种植和利用历史悠久。可是，野生大豆与栽培大豆最关键的区别不是在豆粒上，而是在豆荚上（野生大豆爆荚繁殖，栽培大豆成熟后不爆荚），考古遗址很难发现豆荚的遗存。所以，很长一段时间，无法识别考古出土大豆遗存的栽/野属性，这就制约了我们对大豆起源的研究。近年来，科学工作者发现，通过分析考古遗址出土大豆粒的豆皮（种皮）状况，也能很好地区分栽培大豆与野生大豆，因为野生大豆的种皮，质地非常坚韧。如果用锤子将大豆粒砸碎，不管砸得多么粉碎，它的种皮仍然与子叶（豆瓣）连在一起。而栽培大豆只要被砸碎，它的

种皮就从子叶（豆瓣）上脱落。根据这个重要区别，对于大豆起源的研究我们现在有了新的突破。例如出土于河南舞阳贾湖遗址距今8 000年的581粒大豆遗存，根据外表形态推断，当时的大豆已经处于被驯化阶段。如今通过现生大豆粒标本的碳化实验等方法，可以肯定河南舞阳贾湖遗址中的大豆就是栽培大豆，这也是贾湖遗址的第11项世界之最——目前世界上最早的人工栽培大豆起源地。

栽培大豆的起源地

在大豆的栽培技术方面，中华先民除了注意整地、抢墒播种、精细管理、施肥灌溉、适时收获、晒干贮藏、选留良种，最突出的做法是轮作和间、混、套种及肥稀瘦密和整枝。如今，世界有90多个国家和地区种植大豆，追根溯源，这些国家的大豆栽培技术都发端于中国。

关于栽培大豆的具体起源，可谓观点众多、看法不一，通过对历史文献资料所记载“菽”的分布、考古资料发现的大豆遗存的分布、野生大豆的分布与大豆的生长习性进行分析，“栽培大豆应起源于黄河流域”已成为学者共识。

从文献资料看

比如殷墟甲骨卜辞中多次提到“菽”，并且“受菽年”与“受黍年”同时进行占卜，足以证明菽与黍同为农作物。比如《诗经》中多次提到“菽”，如“中原有菽，庶民采之”“采菽采菽，筐之莒之”“七月烹葵及菽”等。再比如《管子》《周礼》《墨子》《睡虎地秦墓竹简》等资料中均有关于“菽”的记载，并且这些记载提到的地点集中在黄河中下游的中原地区。

从大豆遗存看

大豆虽然由于不易保存，在传统的考古发掘中发现较少，但从目前的考古遗址分析，已发现了数十处栽培大豆的遗存，主要分布范围在黄河中下游的陕西、山西、河南北部、内蒙古东南部、山东中部地区，时间大致为龙山时代至周代。同时，具有商周时期碳化大豆遗存的遗址和出土大豆的数量逐渐增多。这些特征说明，作为一种农作物，栽培大豆至少在商周时期，已经在黄河流域得到广泛种植。

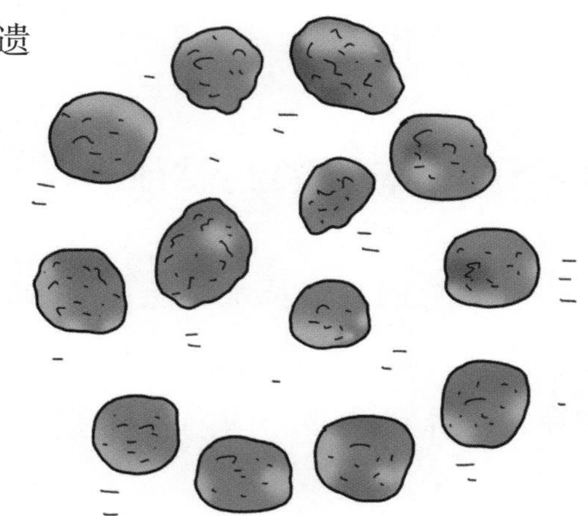

从生态环境看

远古先民栽培植物时往往是“就地取材”，野生大豆为草本豆科植物，是栽培大豆的近缘祖先种。我国野生大豆分布情况受地形、地貌影响，从大兴安岭、内蒙古高原、青藏高原到云贵高原东缘一线开始，向东分布逐渐增多，特别是松辽平原、黄河中下游地区和江淮之间最为普遍。所以，从生态环境分析，黄河流域也具备野生大豆被人类驯化为栽培大豆的自然基础。

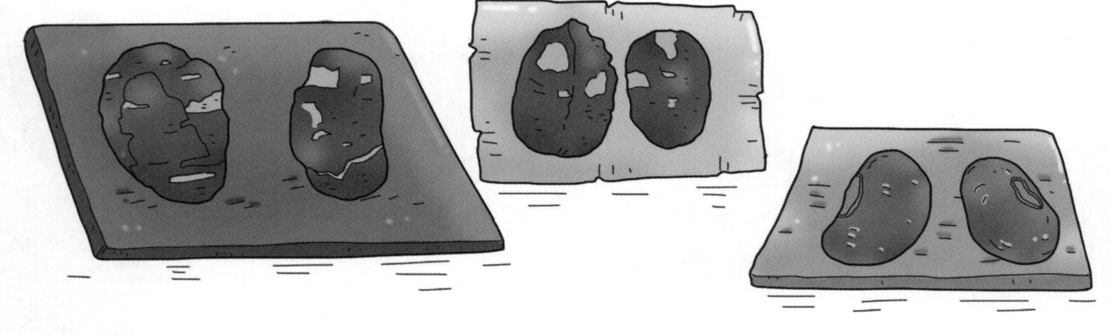

大豆的一生

大豆的生育时间一般在120天左右，根据品种不同，有些早熟品种90天左右即可收获，晚熟品种要180天左右才可以收获。另外，根据种植时间的不同，在我国，大豆又分为春播大豆、夏播大豆、秋播大豆。

大豆的整个生长过程一共要经历5个不同的阶段，第1个阶段是萌芽出苗期。第2个阶段是幼苗生长期，这个阶段持续的时间在20 ～ 25天。第3个阶段是花芽分化期，这个阶段要持续25 ～ 30天。第4个阶段是开花结荚期，这个阶段是大豆生长的关键阶段，良好的管理有利于提高大豆后期的产量。第5个阶段是鼓粒成熟期，这个阶段，大豆种子开始迅速膨大，等到大豆成熟，也就进入大豆的采收时间了。

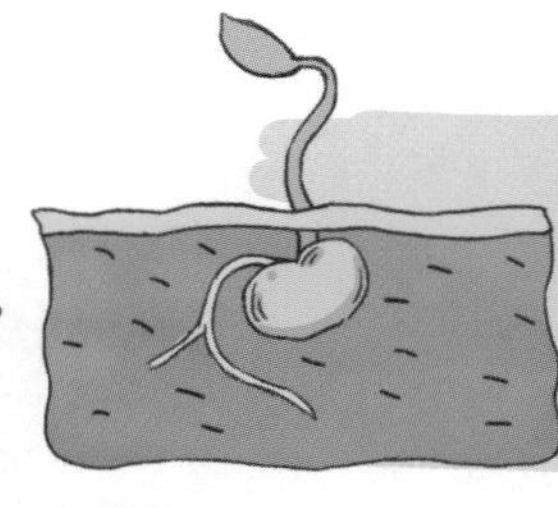

萌芽出苗期： 大豆种子在合适的土壤中，吸收养分和水分，胚根从胚珠珠孔伸出，开始发芽，随着下胚轴伸长，子叶带着幼芽拱出地面，子叶出土即为出苗。

幼苗生长期： 子叶出土展开后，会先长出一对真叶，当新长出的叶子进行光合作用时，植株就能自我维持。从这个时候开始，随着第一片复叶慢慢生长出来，地表部分相对生长较慢，地下的根部会快速生长，开始出现根瘤，并且固氮一直持续到生殖生长后期。与非结瘤大豆相比，有效的结瘤可提高产量，增加种子蛋白质含量。

花芽分化期： 当大豆的幼苗出现 4 ~ 5 片复叶时，植株主茎下部开始分化花芽。从这时起，大豆的根系开始发育旺盛，茎叶生长加快；随着花芽的相继分化，花朵也将陆续开放。

开花结荚期： 大豆花蕾膨大逐步变成花朵。从这时开始，大豆进入生殖生长阶段，之后进入盛荚期。再之后会花落，花落后幼荚出现，豆荚逐渐伸长、加宽。这个过程，大豆开花和结荚是交替进行的，统称开花结荚期。

鼓粒成熟期： 从大豆荚内豆粒开始膨大算起，一直长到合适体积和重量的时间段称鼓粒期。在荚皮发育的同时，种皮形成，开始积累干物质，叶片变黄脱落，豆粒脱水，当种子变圆，完全变硬，摇动植株时豆荚内有轻微响声，才意味着大豆进入成熟期。

我国的大豆种植区

按照大豆生产的气候自然条件，耕作栽培制度，品种生态类型，发展的历史、分布和范围的异同，我国大豆产区可划分为5个栽培区，即北方春大豆区、黄淮流域夏大豆区、长江流域夏大豆区、长江以南秋大豆区、南方大豆两熟区。而按照自然条件划分，全国又分为9个种植区，即：

东北春大豆区： 包括内蒙古自治区东部5盟（市）以及黑龙江、吉林、辽宁3个省份，通常4月下旬至5月中旬播种，9月中下旬收获，是我国最主要的大豆产区，产量高、品质好，在国际上享有很高的声誉。

黄土高原春大豆区： 包括河北、山西、陕西3个省份的北部，以及内蒙古、宁夏、甘肃、青海4个省份，通常4月下旬至5月中旬播种，9月收获，大豆品种类型为耐土地瘠薄和干旱的中粒与小粒的椭圆形黄豆。

西北春大豆区： 包括新疆、甘肃2个省份的部分地区，通常4—5月播种，8—9月收获，一般从相当纬度的东北地区引种。由于日照充足又有人工灌溉条件，单位面积产量较高，百粒重也高。

冀晋中部春夏大豆区： 包括河北省长城以南，石家庄市、天津市一线以北，以及山西省中部和东南部，通常6月中下旬播种，9月中下旬收获，又称冀晋中部春夏大豆亚区。

黄淮海流域夏大豆区： 包括石家庄市、天津市一线以南，山东省，河南省大部，江苏省洪泽湖和安徽省淮河以北，以及山西省西南部、陕西省关中地区、甘肃省天水地区。6月中下旬播种，9月中下旬至10月初收获，是我国重要的优质大豆主产区之一。

长江流域春夏大豆区：包括江苏、安徽2个省份的长江沿岸部分，湖北全省，河南省、陕西省南部，浙江省、江苏省、湖南省的北部，四川盆地及东部丘陵。春作：4月上旬播种，7月中下旬收获；夏作：5月下旬至6月上旬播种，9月下旬至10月上旬收获。

云贵高原春夏大豆区：包括云南、贵州2个省份的绝大部分，湖南、广西2个省份的西部，四川省西南部。春作：4月上中旬播种，8月下旬至9上旬收获；夏作：5月上旬播种，8月中旬至9月上旬收获。

东南春夏秋大豆区：包括浙江省南部，福建、江西2个省份，台湾省，湖南、广东、广西3个省份的大部。春作：4月上旬播种，7月上中旬收获；夏作：5月下旬至6月上旬播种，9月下旬至10月中旬收获；秋作：7月下旬至8月上旬播种，11月上旬收获。

华南四季大豆区：包括广东、广西、海南等省份。春作：2月下旬播种，6月上中旬收获；夏作：5月下旬至6月上旬播种，8月中下旬收获；秋作：7月上旬播种，9月下旬收获；冬作：12月下旬至次年1月上旬播种，次年4月下旬收获。

你知道哪里种的大豆蛋白含量高吗？

由于低温环境利于大豆油分中的亚麻酸、亚油酸形成，不利于油酸形成，所以，在中国，纬度每增加1度，大豆油分的碘值（表示有机化合物中不饱和程度的一种指标）便增高1.7左右。同理，一般来讲，随着种植区地理纬度的升高，大豆含油量逐渐增加，而蛋白质含量逐渐减少。

国产大豆接近一半产自黑龙江省

中国大豆种植面积最大的省份是黑龙江，长期居于全国大豆播种和产量冠军的位置，比如2022年，全国大豆播种面积1.54亿亩[①]，总产量405.7亿斤[②]，而黑龙江一省的大豆播种面积就有7 397.5万亩，大豆总产量为190.7亿斤，分别占全国总面积和总产量的48%和47%，也就是说，我们每年吃的国产大豆有接近一半来自黑龙江省！每两颗大豆中就有一颗是“龙江豆”！

① 亩为非法定计量单位，1亩=0.0667公顷。——编者注

② 斤为非法定计量单位，1斤=0.5千克。——编者注

丝路上的种子

陆上与海上丝绸之路是中国大豆走向世界的主要渠道，千百年来，大豆——这颗行走在丝绸之路上的种子，作为中外农业交流历史上浓墨重彩的一笔，不但将中国的农业文明传播四方，同时也不断为世界农业文明提供丰厚滋养，共同交织构建了世界农业文明的全球化。

中国大豆是怎样沿着陆上丝绸之路和海上丝绸之路走向世界的呢？

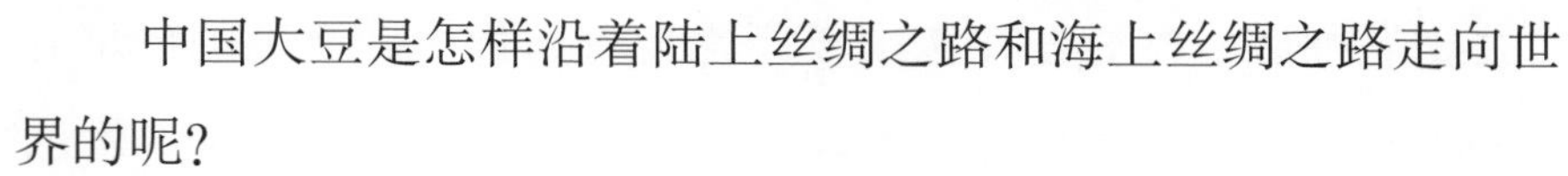

大豆在亚洲其他国家和地区的传播

古代中国同朝鲜半岛的交往开始得很早，战国时期，燕、齐两国和朝鲜的交流十分密切，大豆很有可能于公元前200年左右传入朝鲜地区。日本引进大豆基本上通过两条渠道：一是从朝鲜间接传入，二是从华东地区直接引进。公元前1000年以前，中国和日本就已经存在两条交通路线：一条是经由中国东北地区进入朝鲜半岛，渡过海峡到达日本九州岛；另一条是由我国浙江省南部渡海抵达日本九州岛西部。在7世纪前后，与中国毗邻的中南半岛各个国家和地区直接从我国华南和西南地区引进大豆。17世纪，大豆开始传入菲律宾、印度尼西亚等地。1746年，马来西亚已经开始种植大豆。1876年，中亚和外高加索地区开始出现大豆栽培活动。由于气候、土壤以及作物布局等因素的限制，朝鲜、韩国、印度尼西亚、日本等地尽管有大豆种植，但是未能发展成为大豆生产的重要基地。

大豆在欧洲的传播

德国植物学家恩格柏特·坎普法（Engelbert Kaempfer）曾经在日本游历（1690—1692年），他于1712年出版《异域采风记》（*Amoenitatum Exoticarum*）一书，详细记述了日本人利用大豆制作的各种食品，并将关于大豆的一些知识介绍到欧洲。1739年，法国传教士将中国大豆引至巴黎试种。大豆最初种植在巴黎加登植物园内，仅仅作为观赏植物。然而，由于无法正常成熟，这种大豆没有实际生产价值。1751年，欧洲药理学家对日本的大豆及其在医药学上的用途已经颇为熟悉。经过100年左右，威马安德里厄种子公司（Vilmorin Andrieux）从奥地利引进了经过试种并推广的大豆品种后，大豆才在法国较广泛地得到种植。而英国最早开始大豆的种植要到18世纪末期，根据英国植物学家威廉·汤森·艾顿（William Townsend Aiton）的记载，1790年沃尔特·尤尔（Walter Ewer）从东南亚地区的岛屿将大豆引种到英国并在皇家植物园邱园里种植，根据记载，这个品种的豆子大概在7—8月开花成熟。之后由于大豆品种有限、大豆对自然环境适应性不强、人们饮食习惯差异等多因素影响，大豆在英国的种植范围较小，大豆经过加工后较多被用于制作食用的调味品和添加配料。此外，18世纪中期的意大利和18世纪末期的德国等欧洲国家也开始出现关于大豆种植的记载。

大豆在美洲及其他地区的传播

美国种植大豆最早为1765年，系由东印度公司的海员沙缪尔·布朗（Samuel Bowen）将中国大豆带到佐治亚州。第2个把大豆引入美国的人是时任美国驻法大使的本杰明·富兰克林（Benjamin Franklin），1770年，他将一些大豆由法国寄至费城，并随信向朋友介绍了大豆和豆腐。1804年以后，美国文献中论及大豆的次数逐年增多。1882年，美国北卡罗来纳州农业试验场开始试种大豆，其他州也相继引种试种。到20世纪50年代（具体时间为1954年），美国大豆种植面积超过1亿亩，总产量高达92.8亿千克，占全球总产量的46.9%，更在产量上超越中国，从而美国成为世界大豆产量最多的国家。

19世纪中后期，大豆陆续传入美洲其他国家和地区。阿根廷从1862年开始种植大豆，直到1970年时面积和产量都微乎其微。然而，在1971—2000年的30年里，阿根廷的大豆栽培面积增长395倍，产量增长976倍，并且自2000年起，阿根廷的大豆栽培面积和产量均跃居世界第3位。巴西在1882年出现大豆栽培现象，1974年，巴西大豆总产量达到78.76亿千克，占世界总产量的13.8%，开始超过中国，位列世界第2位。在大豆主产国中，巴西的大豆单位面积产量名列前茅。而加拿大则从1916年开始种植大豆。

1857年，大豆传播至非洲的埃及，但是非洲大规模引进大豆的时间较晚，20世纪才开始大规模种植大豆。1879年，大豆被欧洲殖民者引入澳大利亚等大洋洲地区。

大豆育种

在现代种业发展起来之前，我国先民很早就采用留优汰劣的方法改良大豆品种，我国是最早采用现代遗传学方法培育大豆品种的国家。随着大豆和豆制品在世界范围的传播，世界各国豆农的大豆种子基本是自留自用的。

我国是大豆起源国，大豆种植历史已经超过8000年。在20世纪60年代之前，我国大豆种植面积、年总产量都居世界首位，目前年总产量居世界第4位，种植面积居第5位。我国先民很早就采用留优汰劣的方法改良大豆品种，也是最早采用现代遗传学方法培育大豆品种的国家之一。继中国之后，日本是世界上第2个进行大豆品种改良的国家。在20世纪20—30年代就培育出了“十胜长叶”等优良品种。第3个国家是美国，20世纪40年代中期以后，美国大豆育种以品种间杂交为主，到50年代后期，美国已育成了“Clark”“Lee”等多个品种，使美国大豆生产得到迅速发展。但直到20世纪80年代前后，全球大豆种业仍然以公立机构的品种推广、农民自留为主。

我国继1923年育成“黄宝珠”大豆之后，1924年，金陵大学王绶教授从自然变异群体中育成大豆品种“金大332”，1934年育成“小金黄1号”，成为20世纪50—60年代东北地区的重要推广品种，年种植面积曾达到700万亩以上。1927年开始杂交育种，以“黄宝珠”作为母本，“金元”作为父本配制杂交组合，于1935年育成了“满仓金”“满地金”和“元宝金”，它们是世界上首批采用杂交方法育成的现代大豆品种。据不完全统计数据，1923—1950年我国共育成大豆品种20个，但许多地方的大豆种子仍然是农家品种。

新中国成立后，我国现代大豆育种开始迅速发展。新中国成立后至改革开放前，我国完成了部分大豆种质资源的收集（共收集保存了6 814份栽培大豆种质资源），建立了大豆杂交育种体系；大豆平均单位面积产量（平均亩产）从1949年的40.76千克，提高到1980年的80千克。改革开放后，大豆杂交育种技术全面普及，初步建立了有中国特色、符合大豆常规种子特征的大豆育种体系；农业农村部（原农业部）根据大豆生产发展需要，支持建立了12个种子基地县建设，对加快良种繁育和普及提供了强有力支撑，全国大豆平均亩产超过120千克。截至2020年年底，我国大豆品种以累计审定3112个（其中通过国家审定的品种数为491个，地方审定的品种数为2621个）等成果为标志，展现了我国大豆育种工作取得的巨大进步，为大豆产业发展提供了强力支撑，保证了食品用大豆的完全自给。

2022年9月9日，“中国大豆生育期组‘零’点标识”碑在黑龙江省黑河市落成。该标识碑的确立使全球不同地区大豆远距离安全引种进入精准时代。中国作为大豆发源地和主产国，为世界大豆生育期组精准鉴定制定了统一标准。该标识碑位置将成为全球大豆生育期组分组的“格林威治”地标，将永久载入世界大豆育种史册。

豆食春秋

大豆食品是主食还是副食？

古人是怎么吃豆的？

豆腐是谁发明的？

世界各地的大豆饮食有什么？

我想，读完下面的这些故事，你会对豆制品和我们的豆腐文化有新的认知。

两千年前的主食

在《战国策·韩策一》中，有“民之所食，大抵豆饭藿羹”的记载。“豆饭藿羹”，“藿”即豆叶，用豆粒做饭、用豆叶做菜羹是当时人们的主要膳食。可见，2000多年前大豆已经成为中国人的主食。

在“菽粟并重”的先秦时期，大豆作为人们生产生活中的主要农作物和粮食来源，非常受重视。比如《管子·重令》中“菽粟不足，末生不禁，民必有饥饿之色”的记载；《孟子·尽心章句上》中提到的“圣人治天下，使有菽粟如水火。菽粟如水火，而民焉有不仁者乎？”的内容，再比如秦二世下令“下调郡县转输菽粟刍藁”以备足兵丁的口粮等。透过这些文献记载，可见在君主治国和百姓民生问题上，当时大豆已经成为维护国家稳定的粮食安全保障要素之一。

秦汉时期及以后，虽然大豆仍是“五谷”之一，属于较为重要的粮食作物，但随着粟和麦主食地位的上升，大豆的种植面积开始有所下降，据记载，到汉武帝时期，大豆在农作物中的种植比例已由战国时期的25%降到8%左右，但种植范围已逐渐由黄河流域向长江流域扩展，覆盖了西起四川，东至长江三角洲，北起河北、内蒙古，南到江浙一带的广大地区。也是在同一时期，随着豆腐的发明以及豆酱、豆豉、豆芽等产品生产和食用方法的普及，以传说中淮南王刘安发明的豆腐为代表，大豆在百姓餐桌上的角色也逐渐从主食变成了副食。

大豆保障了国人千年的饮食健康

与西方人主要通过肉食补充蛋白质不同，以农耕文明为主的中华民族长期以来以素食为主，而维持生命的蛋白质主要从大豆里获取。中国人自古以来便形成了食豆和豆制品的习惯，大豆从主食地位退出后转向副食品的持续发展，则保障了千百年来中国人优质植物蛋白和脂肪的摄取来源，保障了国人千年的饮食健康。

古人是怎么吃豆的

在我国的传统饮食文化中，豆类食品占有重要的地位。从一颗大豆中衍生出来的一系列大豆饮食，在岁月中养育了一代代中华儿女，对中华饮食文化和民族体质形成影响巨大，是中华农耕文明和中华饮食的重要标志之一。

先秦两汉时期对大豆的简单加工和食用

先秦时期，人们食用大豆，一是作为粮食，二是用于治病。作为粮食，我们的祖先食用大豆的文字记载首先见于《诗经·豳风》的“七月烹葵及菽”，“菽”即今日的大豆。

作为药物，《周礼》中记载：“疾医……以五味五谷五药养其病。”在东汉郑玄的注释和清代孙诒让的正义考证中，均明确指出这里的“五谷”是麻、黍、稷、麦、菽。可知大豆作为药食用于治病，在先秦时期已经十分普遍。

汉初，人们不仅食用大豆籽粒，而且将豆叶作为蔬菜，但这都是属于贫民的食粮。正如刘向校编的《战国策》中记载的“民之所食，大抵豆饭藿羹；一岁不收，民不厌糟糠”。到了汉末，不仅大豆的简单食用更为普及，而且人们对大豆的加工也如火如荼，用大豆制成醋、酱、豆豉等调味品及土特产。正如史游在《急就篇》中所记：“饼饵麦饭甘豆羹，芜荑盐豉醯酢酱。”

魏晋时期的大豆发酵加工

魏晋前后，我国的大豆加工业得到了较快的发展，人们开始深入探索大豆制醋及加工豆豉的工艺。比如《食经》记载的“作大豆千岁苦酒法：用大豆一斗，熟汰之，渍令泽，炊。暴极燥，以酒醅灌之。任性多少，以此为率”。这里的“苦酒”不是现在的酒，而是醋。《食经》中记载了“作豉法”，北魏贾思勰在《齐民要术》中，对豆豉制作要求作了补充和修改。在《齐民要术》中，大豆制酱技术也有更为详细的描述，将豆酱制作的时间，选用的器具，豆类品种的选择，蒸、馏的方法，燃火炭的选用，酱品的好坏鉴赏等皆记录详备，是现存最早作酱法的文字记录。

用大豆酿造醋、酱、豆豉等产品的加工技术的发明，是我国古代劳动人民对人类饮食文化的重要贡献。

唐宋时期的大豆加工与饮食

隋唐以后，受儒家思想中“布衣蔬食”和佛教“不杀生、不吃肉”等戒律的影响，素食风尚开始在中华大地广泛普及。在这一进程中包括菜肴、粥类、面食，以及蔬菜、水果、豆类等植物性食品开始被广泛地用于僧侣和居士信众的饮食中。大豆饮食开始在素食领域崭露头角，丰富了素食的选择和口味，也为素食在社会中的普及创造了条件。

唐末五代时期，以“豆腐”明确见于记载为标志，对大豆的加工利用有了新进展。在宋代，用豆腐烹调的菜肴也不断花样翻新。

中国唐代高僧鉴真在公元753年抵日弘法，在日本人真人元开撰写的《唐大和上东征传》里有将30石“甜豉”带到日本的记载，也就是说鉴真将一种类似纳豆的发酵豆制品带到了日本。之所以后来被称为纳豆，主要是因为在日本的平安时代，豆类多作为当时僧人的主食，而僧人居住的寺庙里，厨房一般被称为“纳所”，而后又经过不断的改良，从原本不会拉丝的“唐纳豆”变成了现在需要快速搅拌多次做成的日本纳豆。

明清时期大豆蛋白质和脂肪的初步利用

明代李时珍在《本草纲目》中，首次较详细地描述了豆腐的制作方法和源起，不仅描述了豆腐的制作，而且提到了豆腐皮，这就是流传至今的腐竹。

明代宋应星在《天工开物》中介绍了大豆榨油法：“凡油供馔食用者，胡麻、莱菔子（即萝卜籽）、黄豆、菘菜子为上……文火慢炒，透出香气，然后碾碎受蒸……蒸气腾足取出，以稻秸与麦秸包裹如饼形，其饼外圈箍或用铁打成或破篾绞刺而成，与榨中则寸相稳合。凡油原因气取，有生于无出甑之时，包裹怠缓则水火郁蒸之气游走，为此损油。能者疾倾疾裹而疾箍之，得油之多。”

到了清代，由于榨油工艺的不断改进，每石大豆的出油量相较于明代得到了更大提升。

02 豆腐的发明

关于“豆腐”的发明人，民间传说中有刘安、乐毅、关羽等，学界大都认可刘安发明豆腐的这一说法。

相传，西汉时，淮南王刘安雅好道学，欲求长生不老之术，不惜重金广招方士，其中较为出名的有苏非、李尚、田由、雷波、伍波、晋昌、毛被、左昊这8个人，号称“八公”。刘安与“八公”相伴，长年在山上炼丹以求长生不老。他们取山中“珍珠”“大泉”“马跑”三泉清冽之水磨制豆汁，又以豆汁培育丹苗，不料炼丹不成，豆汁与盐卤化合成一片芳香诱人、白白嫩嫩的东西。“八公”中的一位大胆地尝了尝，觉得很是美味可口，连呼“离奇，离奇”，这就是“豆腐”的肇始。豆腐初名“黎祁”“来其”，即惊叹语“离奇”之谐音。

另一种传说讲淮南王刘安的母亲喜欢吃黄豆，但有一次母亲因生病不能吃喜爱的黄豆了，孝顺的刘安就把黄豆磨成粉末状，加水熬成了豆乳，并且放了些盐卤，结果凝成了块状物，刘安的母亲吃了之后，病情有所好转，逐渐康复。从此，豆腐和豆腐诞生所蕴含的孝道思想就流传了下来，并从王府高门走进了寻常百姓家。

做豆腐的关键环节

据李时珍《本草纲目》记载的豆腐之法："凡黑豆、黄豆及白豆、泥豆、豌豆、绿豆之类，皆可为之。水浸，碎。滤去渣，煎成。以盐卤汁或山矾叶或酸浆、醋淀，就釜收之。"由此处记载可知做豆腐的重要环节是浸豆、磨豆、过滤、煮浆、点浆、镇压。打虎亭汉墓画像石所表现的正是浸豆、磨豆、过滤、点浆、镇压的场面。现结合中国传统，将豆腐的制作工艺叙述于下：

浸　豆

先将大豆浸泡 5 ~ 20 小时（水温 15 摄氏度泡约 12 小时，25 摄氏度时只需泡 5 小时即可）。每 10 斤大豆加 30 斤水，泡至豆瓣内部凹沟鼓平就可磨浆。浸泡的目的是使大豆内呈凝胶状态的蛋白质成为溶胶液体。

磨　豆

将浸泡好的大豆，每 10 斤再加 30 斤水，用石磨磨成豆浆。磨时要磨细、磨匀，配水量要合适。将大豆磨碎是为了使蛋白质溶于水呈胶体溶液。

过　滤

将磨好的豆浆用细布过滤，除去豆渣。图中表现的正是过滤豆渣的场面。

煮　浆

过滤后的豆浆需要煮开，除去生大豆的腥味，加快凝胶结聚速度。

点　浆

豆浆煮开 3 分钟后出锅，让其自然降温至 80 ~ 90 摄氏度时，加入凝固剂，这一过程称点浆。点浆时要按一定方向轻轻搅动，当浆液中出现芝麻大的颗粒时，停止点浆，并停止搅动，然后加盖保温，让颗粒沉淀，半小时后即可包裹压制成豆腐。加入凝固剂的目的是使溶胶状态的豆浆在短时间内改变胶体的性质，变成凝冻状态的凝胶。

镇　压

将沉淀后变成凝冻状态的凝胶用布包裹放在豆腐箱中加以镇压挤去水，就制成了豆腐。

豆浆的发明和发展

豆浆，又称豆乳、豆奶，是我国家喻户晓的一种美食。大豆经过研磨之后将汁水与豆渣过滤，然后将汁水煮熟，就制成了我们日常饮用的豆浆。那么，我国先民究竟从何时开始将豆浆作为日常食品呢？

豆浆最早的文字记载出现于汉代。汉代《盐铁论 · 散不足》提到的“豆饧”被称为时尚之食，反映了豆浆的流行，也说明豆浆在西汉前期是流行不久的食品。这里的“豆饧”指的是豆面与饧糖，如《说文解字》“饧，饴和馓者也”、《扬子 · 方言》“饧谓之糖”，都说明“豆饧”就是甜豆浆。

从战国到秦汉时期出土的许多石转磨主要用途是将农作物磨制成流质物体，如磨制成麦浆、米浆、豆浆等。如学者赵梦薇等，结合农作物种植分布提出这种湿磨最有利于磨制大豆，甚至认为早期的转磨并非用于磨粉，而主要是用来磨大豆的观点，并对这一观点进行了系统总结和探讨。据此观点，从战国时期出现湿磨计算，豆浆进入百姓日常生活最迟至汉代也已完成。

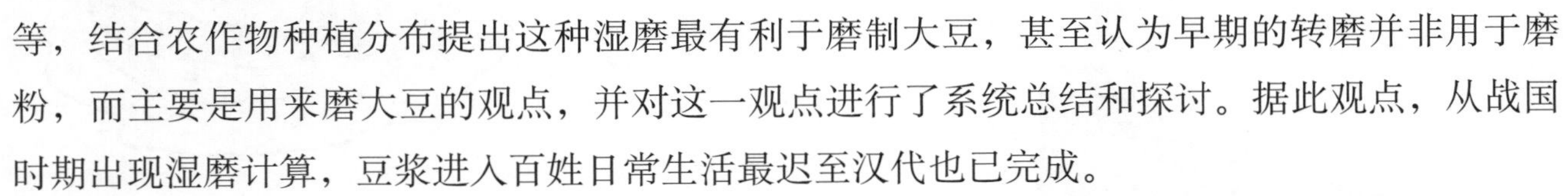

到了元代和明代，豆浆的工艺已经相当成熟，且逐渐向着精细化演变。元末明初食疗家韩奕的《易牙遗意》是可查最早提到豆浆的文献，称豆浆为“豆腐浆”；明代李时珍的《本草纲目》详细记载了豆浆的制作方法，与现在家庭制作方式非常接近；18世纪，街上小贩当街吆喝和售卖豆浆，清代画家姚文瀚有画作《卖浆图》传世；19世纪，人们已经习惯于端着杯子去豆腐店打一杯热豆浆作为早餐，1866年，法国人保罗在他的一篇法语文章中，曾描述了中国人早餐时拿着杯子去豆腐店买热豆浆饮用的情景。

豆酱的发明和发展

中国人食酱的历史非常悠久。《周礼》《史记》等均记载了周天子嗜酱的相关内容。并且以孔子说的“不得其酱不食”为代表，千百年来，豆酱在人们的饮食中长期扮演着非常重要的角色。你知道豆酱是谁发明的吗？

传说春秋时期著名的政治家、经济学家范蠡还没发迹时，给人打工帮厨，饭不好吃就经常剩饭，还不能扔掉，就把剩饭放在灶间藏着，为防止有人看见，便取来黄蒿草遮盖。谁知主人心细有察觉，就出个难题，让他把剩饭在十日内变成有用的东西。范蠡没办法，死马当作活马医，翻出剩饭，发现上面都长满了白毛。没办法，拌着盐炒过以后再用水浸泡。期限一到，硬着头皮舀一碗给猪吃。没想到猪来抢着吃，他算是蒙对了，变废为宝。就这样缸里的东西泡着泡着就成了酱。战国是“豆饭藿羹”的时代，那时候人们吃的不是大米白面，而是大豆和谷子之类的食物，范蠡晒的只能是大豆饭羹，于是，机缘巧合下，豆酱就这样诞生了。随着时间的推移，黄豆酱也在不断发展和演变。到了汉代，人们开始将黄豆酱按照不同的调味方式分类，并且开始使用木棍将黄豆酱压成块。到了唐代，人们开始使用机械来生产黄豆酱，并且将黄豆酱装在瓶子里。再后来，黄豆酱被遣唐使带回日本，当时日本文献中提到的“未酱”，一般认为就是最初的味噌。到了江户时代，源自中国的豆酱——味噌在日本已经坐稳“国民酱料”的宝座，地位不可动摇。

豆芽的发明和发展

豆芽，又名巧芽、豆芽菜、如意菜、掐菜、银芽、银针、银苗、芽心、大豆芽、清水豆芽，含有丰富的钙、磷、铁、钾等矿物质元素及多种维生素，抗氧化保健功能显著增强。东方药学巨典《本草纲目》中指出："惟此豆芽白美独异，食后清心养身。"豆芽曾与豆腐、豆浆和豆酱一起，被海外媒体誉为"中国豆制品的四大发明"。

早时豆芽主要用于食疗，豆芽作为素菜食用，较早见于南宋文人林洪的《山家清供》，成书距今也有近千年。清代文学家袁枚在《随园食单》中写道："豆芽柔脆，余颇爱之。炒须熟烂，作料之味才能融洽。可配燕窝，以柔配柔，以白配白故也。然以极贱而陪极贵，人多嗤之，不知唯巢、由正可陪尧、舜耳。"唐末宋初时，芽菜生产技术首先传至日本，后传入新加坡、泰国等东南亚国家。

豆芽与郑和下西洋

郑和，本姓马，名和，小名三宝，云南昆阳人，他是打开中国到东非航道的第一人，他率船队七下西洋，先后访问了亚洲和非洲的30多个国家。15世纪也是西方大航海时代，坏血病成为西方船员挥之不去的噩梦。可我们东方古国郑和的航海行动，却开展得顺顺利利，浩浩荡荡七下西洋。为什么呢？答案是豆芽！郑和七下西洋，每次都在船上储备了大量的豆子。平时没蔬菜时，就叫船员拿水一发，几天后，绿油油的豆芽满盆子都是，吃着吃着就不缺维生素了。船队不仅用豆子发豆芽当菜吃，还用豆子来防震。郑和船队出访、远航时会带上大量物品，有丝绸、瓷器、茶叶、漆器等。海上颠簸，到达目的地时瓷器大概率会破碎，聪明的船员在瓷器周边放上豆子，淋上水，发出的豆芽就能起到保护瓷器的作用。

世界各地的大豆饮食

基于大豆食品的健康益处，世界各地的膳食指南都将大豆食品列为健康饮食的重要组成部分。不仅在中国，在韩国、日本、泰国、越南等地以至于全世界，以豆腐为代表的大豆饮食都是受大众欢迎的健康美食。世界各国的大豆饮食有何异同呢？

日本的大豆饮食

在日本，豆腐又被称为“长寿食”，是因为常常食用豆腐做的“精进料理”（素食）的僧侣们和有吃豆腐习惯地方的人，大部分都很长寿。日本常见的有木棉豆腐、绢豆腐、冻豆腐、炸豆腐等。而除了种类繁多的豆腐之外，还有纳豆、味噌、豆乳、大豆肉等豆制品。其中，以纳豆、味噌最有代表性。

印度的大豆饮食

在印度，吃豆腐的历史并不长，但豆腐口味清淡，所以在印度很受欢迎。大豆咖喱也是最受印度人喜欢的美食之一。在一个大铝锅中，印度人会依次倒入西红柿、土豆和数十种调料，接着会用另一口大锅蒸50斤表面都已经发芽了的大豆，之后，再通过把这些表面发芽的大豆和前面的调料咖喱混合、搅拌，印度人钟爱的大豆咖喱就做成了。吃的时候，印度人会直接从大锅里舀，通常印度人会用它配着面包和煎饼来吃。

东南亚大豆饮食

在东南亚的大豆饮食中，以印度尼西亚的天贝、泰国的豆浆、马来西亚的甜豆花和越南的梦豆腐最具代表性。

天贝，英语名Tempeh，汉语又译为丹贝、天培，源于东南亚岛国，是一种天然发酵豆制品。传说天贝的菌种是华人下南洋随豆豉带去的，在特殊的气候条件与发酵工艺演化下，形成了天贝这种独特的食品。天贝易于烹饪，是一种百搭食材。人们一般在天贝还新鲜未冷藏冷冻的时候生食，切片、蘸上酱料是最简单营养的吃法。除此之外，日常在家做菜的时候，

人们有时也用天贝来做三明治、沙拉，或将它剁碎替代肉末和蔬菜一起翻炒，还会像做牛排一样将天贝煎烤。

欧美国家的大豆饮食

在欧美国家饮食中，除了在各地饮食风俗习惯基础上演化产生的各种豆腐、豆奶，随着大豆加工提取技术的进步，以大豆素肉、豆乳冰淇淋等为代表，美味、方便、时尚的创新大豆蛋白产品不断被开发出来，人们对豆制品的概念已不再局限于豆腐、豆奶，只要添加大豆蛋白这一营养素，果汁、奶酪、奶昔、汉堡等任何人们能想象到的食品都可以成为豆制食品。

菽水长歌

大豆明明不是豆类中最大的豆子，为什么叫大豆？

汉语中有多少有关“豆”的成语和俗语呢？

你知道四大名著中的“豆”和豆制品吗？

说文解字"豆"

中国最早的"豆"字并不指代今天的豆类，而是指器皿，大多是陶制的，也有木制、漆制和青铜制器皿。今天的大豆古时称"菽"，在商代甲骨文上就有关于"菽"的记载。作为豆类植物的总称，"菽"字左下方的"尗"正是对豆类植物成熟时所结豆荚的形象摹画。《春秋考异邮》："菽者稼最强。古谓之尗，汉谓之豆，今字作菽。菽者，众豆之总名。然大豆曰菽，豆苗曰藿，小豆则曰荅。"这也是大豆明明不是豆类中个头最大的豆子却称"大豆"的原因。

那么，从"菽"到"豆"，是怎样演变的，"豆"和"菽"有何历史渊源呢？汉代许慎在《说文解字》中说："豆，古食肉器也。从口，象形，凡豆之属皆从豆。"从这段记述可以看出，"豆"的古意为放置食用肉的器皿。此外，从甲骨文的"豆"字入手，从其字形上看，整体上像隋以后的高足盘，上面一横可以看成是盘的盖子，中间部分是镂空用于放置食物的部分，而最下部分则是支撑盘的脚部和底部。此外，从"豆"字在古代的演化来说，"豆"在新石器晚期开始出现，盛行于商周时期，早期多陶制，后有青铜制或竹、木质涂漆制作成的漆器，是祭祀时盛装祭品的礼器，如《礼记·乐记》记载的"簠簋俎豆，制度文章，礼之器也"。并且根据"豆"中呈放的内容不同，还演化出了多个字。比如

双手捧着盛有"米"的食容器——豆为登（[illegible]或[illegible]或[illegible]）；

手中捧着装有"肉"的食容器——豆为巽（[illegible]或[illegible]）；

由此也可看出古时人们会把盛装荤素食物的食容器——豆进行明确的区分。

夏商时期，人们吃饭并不会主动放调料，而是类似现在的火锅，煮熟后蘸酱料。而这种名为“豆”的青铜器具就是用来放蘸料的，或许就是现在盘子的前身。由于“豆”是蘸料食豆必需的食器，又由于“豆”和“菽”两字在古代读音相近，且作为果实的“菽”与容器“豆”都具有滚圆的外表，因此，“菽”所结果实被称为“荳”，上有“艹”以作区别，现代汉字统一写作“豆”反而无法有效区分。所以秦汉后，随着时间推移，豆改变的不仅仅是外形，含义也发生了转折，从这一时期开始，“豆”字逐渐代替了“菽”字，用来表示农作物中的大豆了。

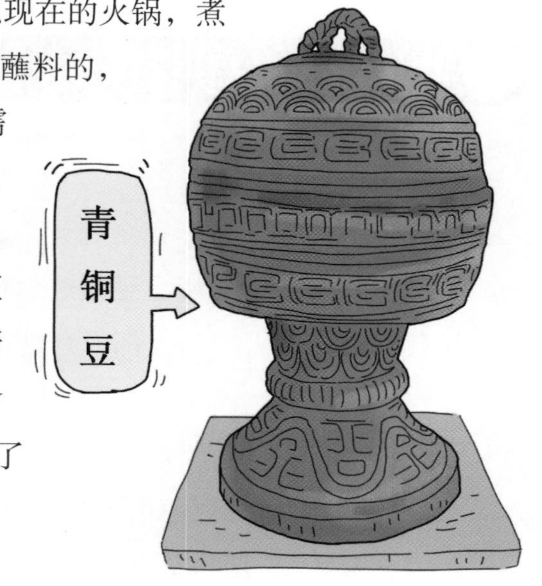

“黄豆”一词在汉代就出现了

根据考古发现，以汉灵帝熹平二年（173年）《张叔敬瓦缶丹书》中提到的“黄豆瓜子”和曹操墓出土的“黄豆二升”石牌为代表，说明继“大豆”之后，“黄豆”一词起码在东汉末年就出现了。这比人们根据《开元占经》《酉阳杂俎》等书推测的“黄豆”一词出现于唐代，整整提前了600多年。

02 那些写“豆”的诗

从古至今，据不完全统计，包括《诗经》在内，中国诗人写下的与“大豆”和“豆腐”相关的诗已经超过300首了，并且以曹植、陶渊明、苏轼等为代表。可以说，历朝历代，许多文人、名人都写有赞颂大豆和大豆食品的诗句。

归园田居·其三

（东晋）陶渊明

种豆南山下，草盛豆苗稀。晨兴理荒秽，带月荷锄归。

道狭草木长，夕露沾我衣。衣沾不足惜，但使愿无违。

七步诗

（东汉）曹植

煮豆持作羹，漉菽以为汁。

萁在釜下燃，豆在釜中泣。

本自同根生，相煎何太急？

春晚书山家屋壁二首（其二）

（唐）贯休

水香塘黑蒲森森，鸳鸯鸂鶒如家禽。

前村后垄桑柘深，东邻西舍无相侵。

蚕娘洗茧前溪渌，牧童吹笛和衣浴。

山翁留我宿又宿，笑指西坡瓜豆熟。

浣溪沙·麻叶层层檾叶光

（宋）苏轼

麻叶层层檾叶光，谁家煮茧一村香。

隔篱娇语络丝娘。

垂白杖藜抬醉眼，捋青捣麨软饥肠。

问言豆叶几时黄。

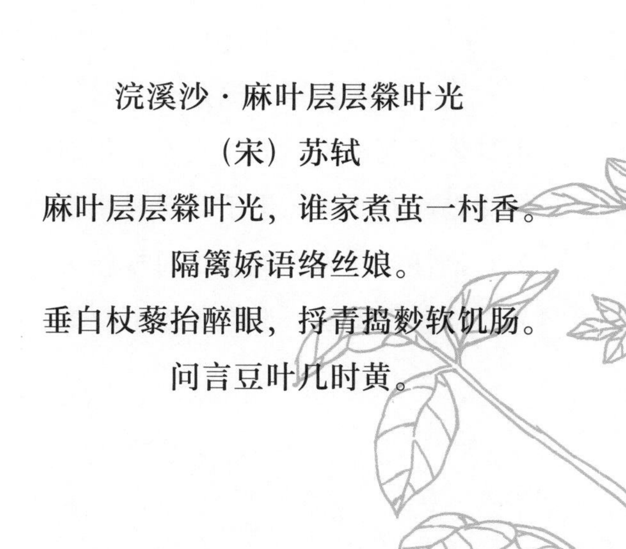

凉生豆花

（明）王伯稠

豆花初放晚凉凄，碧叶阴中络纬啼。
贪与邻翁棚底话，不知新月照清溪。

豆腐诗和杨芝田宫坊四首（其四）

（清）查慎行

茅店门前映绿杨，一标多插酒旗旁。
行厨亦可咄嗟办，下箸唯闻盐豉香。
华屋金盘真俗物，腊槽红曲有新方。
须知澹泊生涯在，水乳交融味最长。

七律·到韶山

（现代）毛泽东

别梦依稀咒逝川，故园三十二年前。
红旗卷起农奴戟，黑手高悬霸主鞭。
为有牺牲多壮志，敢教日月换新天。
喜看稻菽千重浪，遍地英雄下夕烟。

与“豆”相关的成语和俗语

据不完全统计，我国与“豆”相关的成语有60多个，与“豆”相关的俗语有190多个。这其中，有很多有意思的词，人们至今仍在使用，比如煮豆燃萁，豆蔻年华，煎豆摘瓜，箪豆见色，豆萁燃豆，目光如豆，双豆塞聪，糠豆不赡，瓜剖豆分，种瓜得瓜、种豆得豆，芋魁豆饭，双豆塞耳，两豆塞耳，麦饭豆羹，寸马豆人，一灯如豆，麻姑掷豆，驽马恋栈豆，冷灰爆豆，冷锅里爆豆，红豆相思，豆重榆瞑，萁豆相煎，觞酒豆肉，一叶两豆，榆瞑豆重，箪食豆羹，双瞳如豆等。

豆萁燃豆

曹植是曹操的儿子，从小就才华出众，很受父亲的疼爱。曹操死后，他的哥哥曹丕建立魏国并成为开国皇帝。曹丕是一个妒忌心很重的人，他担心弟弟会威胁自己的皇位，就想害死他。有一天，曹丕叫曹植到面前来，要曹植在七步之内作出一首诗，以证明他写诗的才华。如果他写不出，就等于是在欺骗皇上，要把他处死。曹植知道哥哥存心要害死他，又伤心又愤怒。他强忍着心中的悲痛，努力地想着想着，果然，他就在七步之内作了一首诗，当场将诗念出来：“煮豆持作羹，漉菽以为汁。萁在釜下燃，豆在釜中泣。本自同根生，相煎何太急？”曹丕听了这首诗，不由羞得面红耳赤，放过了弟弟。曹植虽然以自己的机敏逃过一劫，但此后他一再被贬，最后在40岁时忧郁而死。因为曹植的七步成诗，后人也称才思敏捷的人为“豆萁才”。

曹丕
曹植

四大名著中的“豆”和豆制品

大豆种植在中国有悠久的历史，豆制品是中国的民族饮食文化遗产。而作为中国文学史中的经典作品，四大名著也有许多与“豆”和豆制品相关的记载。

《西游记》第97回

《西游记》中有8处提到“豆腐”，均以素食或素菜的代表食品出现。其中第97回（“金酬外护遭魔蛰，圣显幽魂救本原”）还特别提到一个“做豆腐”的人，他是家门立有“万僧不阻”之牌的寇善人的同学。当时，唐僧被官府误抓，孙悟空变成了一个蜢虫儿，在飞去寇善人家的途中，因为时值半夜，只有寇家街西的一户人家亮着灯，所以孙悟空就飞了过去。飞近门口看时，孙悟空看见一对老夫妇正在做豆腐，原文描写的是“见一个老头儿烧火，妈妈儿挤浆”。这一场景真实反映了古人做豆腐的辛苦，都是半夜起床磨豆煮浆，因为豆腐要鲜，必须现做现卖。而要想天明有豆腐卖，必须半夜起床做豆腐。

《三国演义》第107回

《三国演义》第107回（“魏主政归司马氏，姜维兵败牛头山”）讲述了曹魏末年，在司马懿与曹爽争斗，暴发的高平陵政变中，时任曹魏太尉的蒋济曾评价曹爽与其智囊桓范说：“驽马恋栈豆，（曹爽）必不能用（桓

范之计）也。”曹爽最终失败。

“栈豆”即大豆饲料，“驽马”即劣马，“驽马恋栈豆”本意指劣马留恋马棚里的饲料，延伸比喻庸人才智短浅，顾惜小利，贪恋家室或禄位。庄子说：“哀莫大于心死，愁莫大于无志。”后人常以“驽马恋栈豆”教育人要志存高远，无论何时何地，都不应该贪图眼前小利而放弃远大志向。

《水浒传》第38回、第102回

《水浒传》第38回（“浔阳楼宋江吟反诗，梁山泊戴宗传假信”）中，神行太保戴宗到朱贵开的梁山酒店吃饭，询问下酒菜时，“酒保道：‘加料麻辣豆腐，如何？’戴宗道：‘最好，最好。’酒保去不多时，一碗豆腐，放两碟菜蔬，连筛三大碗酒来。戴宗正饥，又渴，一下把酒和豆腐都吃了。却待讨饭，只见天旋地转，头晕眼花，就边便倒。”

《水浒传》第102回（“王庆因奸吃官司，龚端被打师军犯”）里，北宋末年起义领袖、“四大寇”之一的淮西楚王王庆走到邙东镇耍枪棒，胜了一个汉子。得胜之后，被龚端和龚正兄弟拜为师父。作者在描写龚氏兄弟请王庆吃饭时，写道：“草堂内摆上桌子，先吃了现成点心，然后杀鸡宰鸭，煮豆摘桃的置酒管待。”

《红楼梦》第8回

《红楼梦》第8回（“比通灵金莺微露意，探宝钗黛玉半含酸”）里，贾宝玉见到晴雯，想起曾给她送过一碟豆腐皮包子，便问晴雯：“今儿我在那府里吃早饭，有一碟子豆腐皮的包子，我想着你爱吃，和珍大奶奶说了，只说我留着晚上吃，叫人送过来的，你可吃了？”

历史名人与豆有关的故事

刘秀与豆粥

《后汉书·冯异传》记载，东汉开国皇帝刘秀未成事前，奉命去招抚河北各州郡的割据势力，他刚到河北蓟州时，王郎在邯郸称帝，发出了“十万户赏邑”买刘秀人头的告示。这时的刘秀势单力薄，被王郎逼得到处逃跑。跑到饶阳芜蒌亭时，正碰上天寒风疾，大家被冻得面无人色，带的食物也已经吃光了。冯异忍着饿到了农家，好歹讨到了一碗豆粥，拿来给刘秀吃，第二天刘秀跟大家说：“昨晚吃了公孙（冯异，字公孙）的豆粥，饥寒都解了。”刘秀这才带领大家继续行进。

后来，刘秀建国称帝。东汉光武帝建武六年（30年）春，冯异上京面圣时，刘秀又忆起当年旧事，感冯异忠勇，下诏重赏冯异，说：“当年仓促逃难的时候，你在芜蒌亭给我送豆粥，在滹沱河边给我

送麦饭，这样的深情厚谊我至今还没报答你呢。”

冯异听后，稽首拜谢说：“春秋时管仲曾对齐桓公说，君王不忘我射您带钩的事，我不忘被装入囚车的事。齐国凭这两个人称霸诸侯。我也希望今后国家的君主能不忘河北之难，我更不会忘记巾车之恩（刘秀于巾车乡擒获冯异，旋即赦而录用）。”

因为冯异在刘秀最困难的时候献上豆粥和麦饭，刘秀在功成名就以后仍没有忘记当年受苦时的豆粥和麦饭之恩，二人成就了“豆粥麦饭”的典故，谱写出一段君臣相和的佳话。

苏轼是豆腐的超级粉丝

宋代大文豪苏轼是豆腐的超级粉丝，他写有一首《又一首答二犹子与王郎见和》的长诗，其中有句“煮豆作乳脂为酥，高烧油烛斟蜜酒，贫家百物初何有”描绘以美妙的豆腐款待友人的情景。苏轼精于烹饪之道，他亲自操勺，创制了一种传扬千古的美味豆腐。宋神宗元丰二年（1079年），他被贬为黄州团练副使，于元丰三年（1080年）年初到达黄州，在这里居4年之久，写了数百篇诗文，对炖肉、炒菜、烹菜、煎饼、煮饭、熬粥、煨羹进行了具体介绍，其中就有名闻遐迩的东坡豆腐。宋代林洪编撰的《山家清供》

中只罗列了两种豆腐名菜，其一是雪霞羹，其二便是东坡豆腐。东坡豆腐用豆腐与笋片、香菇合烹而成，外焦里嫩、色泽鲜艳、香浓味醇。

袁枚为豆腐折腰

清代有这样一位文人，擅长写诗文，与纪晓岚并称，会讲鬼故事，《子不语》大名鼎鼎；懂吃，著《随园食单》；连《红楼梦》中大观园的原型，也被他买下，打造成随园，每逢佳节，必是游人如织，而他也在其中，过着神仙般的日子。没错，这位文人就是袁枚。

袁枚喜欢吃豆腐，他说豆腐可以有各种吃法，什么美味都可以放进豆腐里。有一天，杭州有一位名士请他吃豆腐，那道豆腐是用豆腐和芙蓉花烹煮在一起的。豆腐清白如雪，花色艳似云霞，吃起来清嫩鲜美。袁枚急忙请教做法。主人秘不肯传，笑道："古人不为五斗米折腰，你若肯为豆腐折腰，我就告诉你。"

袁枚听了赶紧离席鞠躬，完了以后大笑，说："我今为豆腐折腰矣！"

主人告诉他这个菜名叫"雪霞美"，因豆腐似雪，芙蓉如霞而得名，并告诉他烹调的方法，袁枚归家后如法炮制。袁枚为豆腐折腰，一时传为美谈。

孙中山倡导吃豆腐

革命先行者孙中山在他的讲话和著作中，曾多次谈到豆腐。他在《坚瓠集》赞豆腐："水者，柔德；干者，刚德；无处无之，广德；水土不服，食之则愈，和德；一钱可买，俭德；徽州一两一碗，贵德；食乳有补，厚德；可去垢，清德；投之污则不成，圣德；建宁糟者，隐德。"这"十德"，颂扬国民具备的豆腐品德和素质。并以清代胡济苍的豆腐诗"信知磨砺出精神，宵昕勤劳泄我真。最是清廉方正客，一生知己属贫人"鼓励革命党人以豆腐精神律己为民，献身民族解放事业。

学过医学、懂得营养科学的孙中山，还以高瞻远瞩的战略眼光，把平凡的豆腐写进他的纲领性文献著作《建国方略》："中国素食者必食豆腐。夫豆腐者，实植物中之肉料也。此物有肉料之功，而无肉料之毒……"将豆腐视为最有益于养生的健民强国之国宝。

孙中山不仅倡导国民吃豆腐，而且自己也喜欢吃豆腐。除了猪血豆腐、八宝豆腐、红烧豆腐、油煎豆腐，尤以酿豆腐最吸引他。孙中山第一次吃酿豆腐，还出了个笑话。那是在1918年的夏天，孙中山到梅县松口视察，前中国同盟会会员谢逸桥在灵光寺请他吃酿豆腐，顿时觉得味美可口，便问菜名，一位乡绅用半生不熟的普通话回答，把酿豆腐说成"羊斗虎"。孙中山听了开始是一愣，后来明白过来，哈哈大笑："羊斗虎？有意思！"这一语音误会，给酿豆腐添了一个有趣的雅号。

神奇百变

为什么说大豆是“蛋白质来源金字塔”塔尖上的食物？

为什么说大豆食品是饮食健康的必选项？

大豆被压榨以后，油和粕都用到哪儿去了？

02 最优质的蛋白质来源

作为一切生命的物质基础、机体细胞的重要组成部分、人体组织更新和修补的主要原料，蛋白质自1838年被发现以来，一直被誉为“生命的基石”，在一定程度上可以说没有蛋白质就没有生命，没有大豆蛋白就没有更健康长寿的生命体质。其实，蛋白质有等级差别。

国际血脂专家小组基于研究数据，以膳食中蛋白质摄入和心脑血管疾病的风险为衡量标准，绘制的“蛋白质来源金字塔”中，蛋白质排名由劣向优依次为加工红肉、未加工红肉、禽类、鸡蛋和奶制品、鱼类，而位于塔尖的大豆、豆类及坚果是最好的蛋白。众所周知，大豆、豆类是豆制品的主要原料，也就是说，豆制品是“蛋白质来源金字塔”塔尖食品！是最优质的蛋白质来源食品。

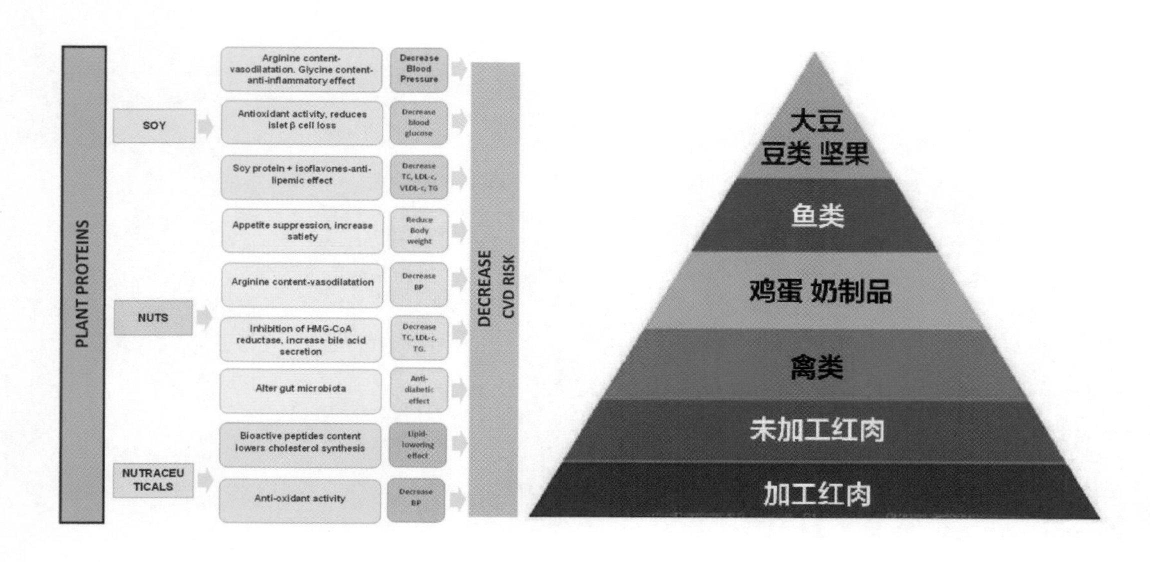

（来源：国际血脂专家小组研究数据）

大豆蛋白的氨基酸组成

大豆中蛋白质含量占营养物质总量的36%左右，是大米、小麦的4 ～ 5倍。大豆蛋白所含氨基酸种类很多，目前已知构成生物体蛋白质的20种氨基酸中，大豆蛋白除蛋氨酸含量略低外，其余氨基酸含量均较丰富，特别是赖氨酸、色氨酸等谷物植物中缺乏的必需氨基酸。大豆蛋白的氨基酸组成与牛奶蛋白相近，是植物性的完全蛋白质。1985年，联合国粮食及农业组织（FAO）及世界卫生组织（WHO）的人类试验结果表明，大豆蛋白人体必需氨基酸组成较适合人体需要，联合专家评估小组提出蛋白质消化率校正后的氨基酸分数（PDCAAS），以2 ～ 5岁儿童的必需氨基酸需求量为基准，将食物中可被利用的必需氨基酸含量与之相比较，满分为1.0，即100%，表明该蛋白质为优质蛋白质。大豆蛋白是完全蛋白质，与牛奶蛋白、鸡蛋蛋白的PDCAAS值都是1.0，意味着大豆蛋白的氨基酸接近人体氨基酸组成，且容易被人体消化吸收。

此外，大豆中还含有很多有益于人体健康的成分，比如可双向调节女性内分泌的大豆异黄酮、被称为“血管清洁剂”的大豆卵磷脂、可以促进肠道健康的膳食纤维、发酵豆制品中的维生素B_{12}等。

大豆全身都是宝

除了含有丰富的蛋白质外，大豆还含有许多不为人们熟悉的营养成分，可谓全身都是宝。

大豆蛋白

大豆中蛋白质含量占大豆总质量的36%左右，是大米、小麦中蛋白质含量的4～5倍。大豆蛋白所含氨基酸种类很多，目前已知的构成生物体蛋白质的20种氨基酸中，大豆蛋白中除蛋氨酸含量略低外，其余氨基酸含量均较丰富，特别是赖氨酸、色氨酸等谷物植物中缺乏的人体必需氨基酸。

大豆油脂

大豆含有约19%的大豆油脂，大豆油脂中的脂肪酸所占比例最大的是多不饱和脂肪酸，接下来是单不饱和脂肪酸，最后是饱和脂肪酸。大豆含有两种人体必需脂肪酸：亚油酸和亚麻酸，这两种脂肪酸是维持健康所必需的物质，它们有助于机体对其他营养素的吸收；这两种脂肪酸也是一些激素的前体，而这些激素具有控制血压、肌肉收缩以及细胞生长等作用。大豆还是 ω–3 脂肪酸的来源，对预防心脏病有帮助。

碳水化合物

全粒黄豆的碳水化合物（包括可溶性与不溶性碳水化合物）总量约占33.5%（干基），大豆中能提供能量的重要物质是碳水化合物中的糖类和膳食纤维。这两类物质差不多占了碳水化合物总量的一半。和其他豆类类似，大豆中的膳食纤维主要是可溶性纤维，有助于预防心脏病和多种癌症。

矿物质

大豆含有约5%的灰分，而主要以各种矿物质的化合物为主，诸如硫酸盐、磷酸盐、碳酸盐。大豆主要矿物质的浓度以钾为最高，其他依序为磷、镁、钙、氯等。大豆还含有微量矿物质，如硅、铁、锌、铜、硒等。

大豆异黄酮

异黄酮是黄酮类化合物中的一种，主要存在于豆科植物中，大豆异黄酮是大豆生长中形成的一类次级代谢产物。目前国际上有关大豆异黄酮的科学研究结果显示，大豆异黄酮主要有以下功效机理：①对身体雌激素具有双向调节作用；②具有防癌、抗癌作用；③具有降低胆固醇的作用。大豆是人类获得异黄酮的唯一有效来源。

维生素

大豆含有水溶性维生素与脂溶性维生素两种。水溶性维生素主要包括维生素B_1（11.0 ~ 17.5微克/克）、维生素B_2（3.4 ~ 3.6微克/克）、维生素B_3（烟草酸，21.4 ~ 23.0微克/克）、维生素B_5（又称泛酸，13.0 ~ 21.5微克/克）以及叶酸（1.9微克/克）等；脂溶性维生素以维生素E与维生素A（其前身为胡萝卜素，0.18 ~ 2.43微克/克）以及微量维生素K（1.9微克/克）为主；此外，还包括亲脂肪性维生素肌醇（2 300微克/克，维生素B族之一）和胆碱（3 400微克/克，维生素B族之一）。

大豆卵磷脂

一般而言，大豆含有约0.4%的卵磷脂。卵磷脂是一种天然的生化清洁剂，可使血行畅通，头发亦能充分获得营养；男性精液中含有丰富的卵磷脂，适量食用大豆及豆制品，亦可提升男性精液质量；卵磷脂又为前列腺素关联物质的先驱物质，可提高免疫能力。

大豆固醇

大豆所含的大豆固醇，含量依序为β-谷甾醇（24.6毫克/100克）、菜油甾醇（9.4毫克/100克）、豆甾醇（9.4毫克/100克）。大豆固醇经食用后，在人体内与胆固醇产生竞争作用而影响胆固醇吸收，使胆固醇浓度降低。因此，大豆固醇拥有优异的降低血清胆固醇效果而可预防高血清胆固醇症。美国食品药物管理局（FDA）认证了植物固醇对健康的作用：配合低饱和脂肪（每餐份1克以下）与低胆固醇（每餐份20毫克以下）的膳食，每餐份至少摄取含有0.65克植物固醇的膳食（每天2次），即每天至少摄取1.3克的植物固醇，可降低罹患冠状心脏疾病的风险。

皂素和植酸

大豆含有0.1% ～ 0.5%的皂素。研究发现，大豆中的皂素对人体有多种好处，由于具有降胆固醇、抗凝血、抗血栓、抗糖尿病、抗癌、抗氧化以及刺激免疫等作用，而引起各界注目。

植酸亦为一种抗氧化物质，可以抑制自由基，因此可预防罹患癌症（尤其是结肠癌）。大豆中植酸含量为1.0% ～ 2.3%。

胰蛋白酶抑制剂

通常大豆食品如生豆浆等必须煮开才能食用，原因是未煮开的豆浆含有胰蛋白酶抑制剂等物质，直接饮用，会出现恶心、呕吐、腹泻等中毒症状。大豆约含有36%的蛋白质，而每克大豆中的胰蛋白酶抑制剂含量为17 ～ 27毫克。

据纽约大学医学中心的研究，胰蛋白酶抑制剂可抑制乳腺癌、皮肤癌、膀胱癌的癌细胞生长。另外，胰蛋白酶抑制剂又可抵抗辐射能与自由基，协助强化免疫系统，而保护脱氧核糖核酸（DNA）免于受损，展现出预防各种慢性疾病的潜力。

丰富多样的大豆食品

不一样的加工和烹调经历让食物营养和口感变得“与众不同”，除我们常见的很多谷类食物如馒头、面包、面条中都可以加入大豆粉使得口感和营养更加丰富外，还有经过不同加工工艺制成的豆制品。

豆腐及豆腐制品

包括全豆豆腐、豆腐花等豆腐类，豆腐丝、豆腐皮、白干等豆腐类，腌制豆腐、脱水豆腐、油炸豆腐、卤制豆腐等豆干制品类，全豆腐乳、红腐乳、青腐乳、酱腐乳等腐乳类。豆腐及豆腐制品是豆制品家族中品类最庞大、应用最广泛的品类之一，可以用于炒菜、烧菜、煮汤、涮火锅等。

整豆制品

包括煮大豆（含煮毛豆)、烘焙大豆、豆豉、纳豆、天贝（天培）等。煮毛豆是夏季烧烤饮食的必选项，烘焙大豆的主要用途是

零食，豆豉是日常烹饪和制作辣酱的主要食材，纳豆、天贝分别是日本、印度尼西亚居民日常饮食的常客。

豆粉

包括脱脂活性豆粉、低脂活性豆粉、豆脂活性豆粉、烘焙大豆粉、熟黄豆粉等。脱脂活性豆粉是系列大豆蛋白加工时最主要的原料，这是脱脂活性豆粉在食品工业中的主要用途之一。

豆浆及豆浆制品

包括豆浆、豆浆酸奶等液体豆浆类，豆腐粉（豆花粉）、调制豆浆粉、纯豆浆粉等豆浆粉类，豆浆炼乳类、豆浆干酪类、豆浆冰淇淋类、豆浆甜点类及其他豆浆制品等。

腐竹及腐竹制品

包括豆杆、油皮、腐竹等腐竹类，响铃卷、卤制腐竹、炸制腐竹等腐竹制品这两大类。

大豆蛋白及大豆蛋白制品

包括大豆蛋白粉、大豆浓缩蛋白粉、大豆分离蛋白、大豆组织蛋白等大豆蛋白类及仿肉类大豆蛋白制品、凝胶类大豆蛋白制品、粉状大豆蛋白制品、液态大豆蛋白制品等大豆蛋白制品共两大类。其中，大豆蛋白已广泛应用于食品、保健品、化妆品等领域。

豆渣及豆渣制品

包括豆渣粉、豆渣酱、豆渣饼、豆渣丸子等。此外，豆渣经改性和烘干制成的大豆膳食纤维粉可以作为面粉、饼干、肉制品、豆制品等食品加工中的营养强化剂。同时，大豆膳食纤维粉中含有极丰富的植物纤维素，可在制作多种食品时与其他原料共同发挥调味、丰富口感、改善食品品质等效果。另外，用大豆膳食纤维生产的猫砂，吸水能力更强，更干净卫生。

大豆油脂加工及相关产品

大豆油脂作为“最常见的植物油”，在汉唐时期用来点灯引火，宋元以来用于烹饪食用。时至今日，我国的大豆压榨产业链参与主体不断丰富，产业生态逐渐成熟壮大，大豆油脂压榨加工产业已经发展并拥有了相对完整的产业链。

大豆油脂提取工艺

大豆油脂提取工艺主要包括压榨法、溶剂浸出法、挤压膨化—浸出法和水酶法4种。

豆油和豆粕的应用去向

我们知道，大豆压榨的2个直接产品是豆油和豆粕（蛋白粕），你知道这些产品都用到哪儿去了吗？

豆油除了直接被用于烹饪，还被用于食品加工，用来制作多种食用油，如起酥油、人造奶油等。此外，豆油经过深加工，在工业和医药领域的用途也十分广泛：在工业方面，豆油可用来制造甘油、油墨、绝缘制品等，豆油脂肪酸中硬脂酸可以用来制造肥皂和蜡烛。在医药领域，豆油有降低血液胆固醇、防治心血管病的功效，是亚油酸丸、益寿宁的重要原料。

豆粕作为一种高蛋白质物质，主要用来生产家畜、家禽食用饲料，食品加工业、造纸、涂料、制药等行业对豆粕有一定的需求，用来制作糕点、保健食品、化妆品和抗生素等。

近几年来，豆粕也被广泛应用于水产养殖业中。豆粕中含有多种氨基酸，如蛋氨酸和胱胺酸能够充分满足鱼类对氨基酸的特殊需要。

此外，豆粕还被用于制造宠物食品。简单的玉米、豆粕混合食物同使用高动物蛋白制成的食品对宠物来说，具有相同的营养价值。

豆粕还可以被进一步加工成大豆蛋白、大豆分离蛋白、大豆水解蛋白、大豆浓缩蛋白和大豆组织蛋白，被广泛应用于食品、医药、化工等领域。历经20余年的发展，中国已经从一个现代食品、高端食品领域大豆蛋白的纯进口国发展成为全球最大的现代食品、高端食品领域大豆蛋白出口国。

大豆加工副产物的加工利用

大豆豆渣是大豆生产加工过程中的主要副产物，占全豆质量的16% ~ 25%。豆渣中大量的水溶性多糖，具有抗癌、抗菌、抗病毒、调节免疫力、调节血糖、调节肠道、改善矿物质的吸收与利用能力等生物学活性；大豆异黄酮除了具有抗氧化作用，还具有抗癌、抗菌和防治心血管疾病等多种功能；豆渣中的膳食纤维具有促进肠道蠕动、畅通排便、降低血液胆固醇、调节血糖、减肥和预防心脑血管疾病等良好的保健功能，还可用作重金属离子去除剂、生物降解材料填充料、微胶囊壁材、双歧杆菌增值剂和可食用包装纸等。

高麦芽糖浆

大豆乳清水固形物含量约为2.5%，含有丰富的胰蛋白酶抑制剂、β-淀粉酶、大豆凝集素、细胞色素C、脂肪氧合酶、大豆抗原蛋白等活性成分，具有高值化开发利用价值，同时也需要无害化处理达标排放。

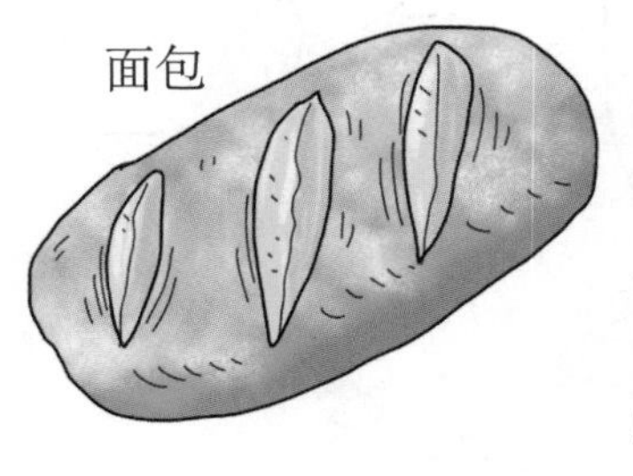

面包

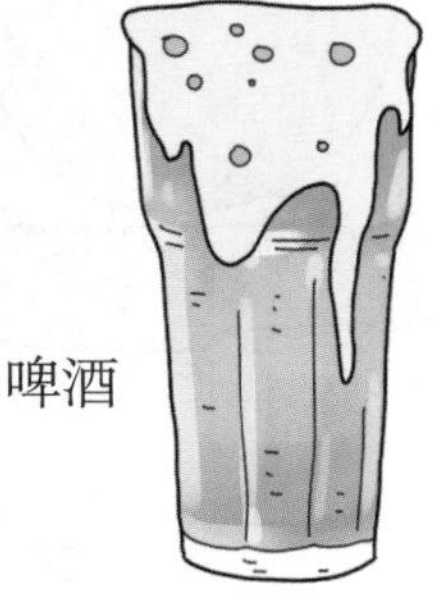

啤酒

那些应用在大豆身上的高科技

长期以来，高新技术得到实践应用，其应用领域不断被拓宽，使大豆食品的新产品不断出现。目前，大豆食品加工领域有哪些高科技呢？

酶技术

酶技术采用蛋白酶对大豆蛋白进行水解制备大豆肽，使大豆蛋白的营养含量和附加值进一步提高，且经过水解后，小分子肽的溶解性、流动性和热稳定性大大提升，而且在人体内吸收快、利用率高，可以迅速发挥保健功效。在此基础上，从大豆副产物豆粕中，酶解制备降压活性大豆肽，复配为肽盐开发提供原料。

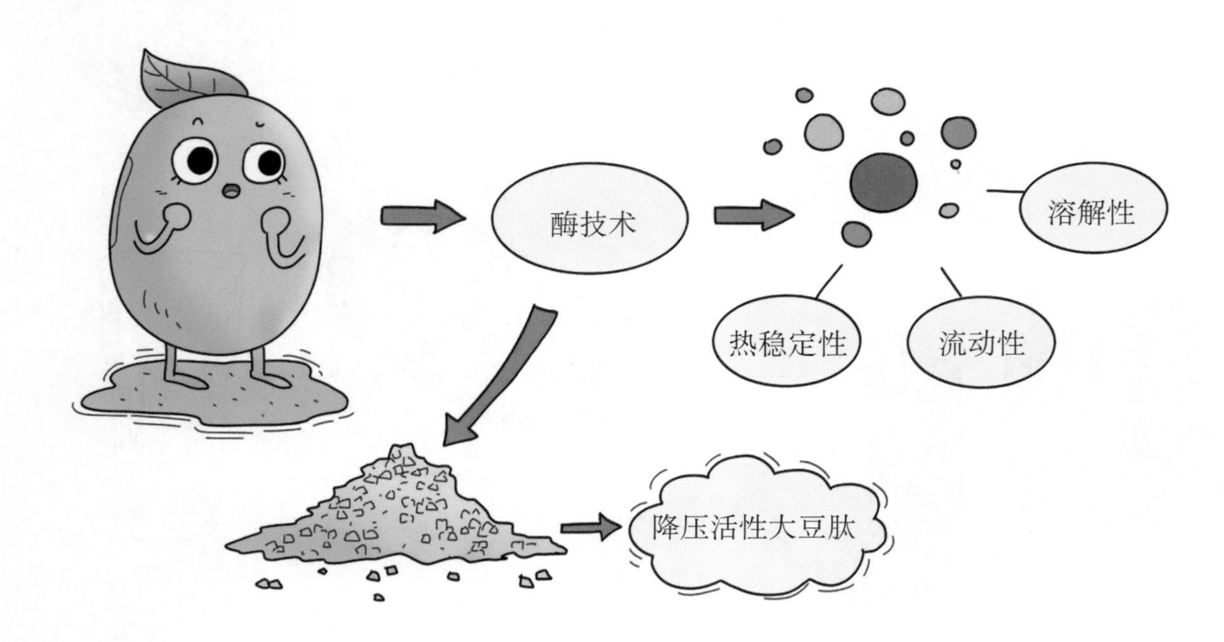

超高压处理技术和辐照技术

超高压处理技术和辐照技术被广泛应用于传统豆制品的杀菌，是在达到延长产品货架期目的的同时保证食品味道、风味和营养价值不受或很少受影响的新兴加工技术。对很多热敏感度高的果蔬饮料和豆浆等液体产品采用超高压处理会取得很好的效果，而辐照灭菌除了在蛋白粉上得到了应用，以后也有望在豆酱、千张等传统豆制品上得到广泛应用，以达到不添加化学防腐剂而延长产品保质期的目的。

微波技术

微波技术目前在大豆加工中应用比较广泛，例如采用微波技术加工膨化大豆粉和微波辅助提取大豆功能性成分，尤其是利用微波技术对大豆食品的脱腥用得比较广泛，干法脱腥技术生产的豆粉是我们日常生活中必不可少的一种豆制品。利用此技术，实验室开发出新型脱水—复水冻豆腐产品，解决了传统冻豆腐冷链运输成本高、货架期短等生产问题。

膜分离技术

膜分离技术是指利用具有分离差异化分子量的多孔介质进行分离的技术。被用于食品工业，始于20世纪60年代末，膜分离技术最初被应用于乳品加工和啤酒无菌过滤，随后逐渐被用于果汁、饮料加工和酒类精制等方面。在大豆加工方面除了被用于大豆蛋白的分离和回收、低聚糖和磷脂的纯化等方面，目前还有科学家把它用于黄浆水中功效成分的浓缩。

超临界流体萃取技术

超临界流体萃取技术是以超临界流体为溶剂，从固体或液体中萃取可溶组分的分离操作技术。目前，超临界流体萃取技术已被广泛应用于从石油渣油中回收油品、从咖啡中提取咖啡因、从啤酒花中提取有效成分等工业领域中。在大豆加工中主要被用于大豆皂苷、低聚糖、磷脂和维生素E等生理活性成分的提取、分离和纯化。

挤压膨化技术

挤压膨化技术是一种集混合、搅拌、破碎、加热、蒸煮、杀菌、膨化与成型为一体的现代加工技术。主要用来加工休闲食品和早餐谷物食品等常见食品，在大豆加工中主要被用于生产组织蛋白、拉丝蛋白等植物肉（素肉）和饲料等产品。

微胶囊技术

微胶囊技术是利用天然或合成的高分子材料，将分散的固体、液体甚至气体物质包裹起来，形成具有半透性或密封囊裹微小粒子的技术。包裹的过程即为微胶囊化，形成的微小粒子称为微胶囊。在食品工业中该技术可改善被包裹物质的物理性质，使物质免受环境的影响，具有提高物质稳定性、屏蔽不良味道和气体等方面的作用。

超微粉碎技术

超微粉碎技术是一种将物料粉碎成直径小于10微米粉体的具有高科技含量的工业技术，可分为固态粉碎和液态粉碎两种技术。固态粉碎在大豆加工中主要被用于生产超微蛋白粉或纤维素粉等产品；液态粉碎主要被用于加工植物蛋白饮料。我们经常食用的豆浆就是典型采用液态粉碎技术的应用产品。

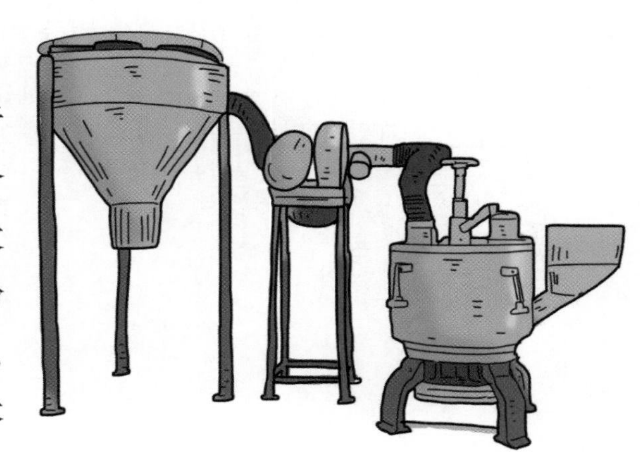

蛋白质改性技术

目前常用的蛋白质改性技术有物理改性、化学改性、酶法改性等。通过采用适当的改性技术，可以获得较好功能特性和营养特性的蛋白质，拓宽蛋白质在食品工业中的应用范围。

附 录

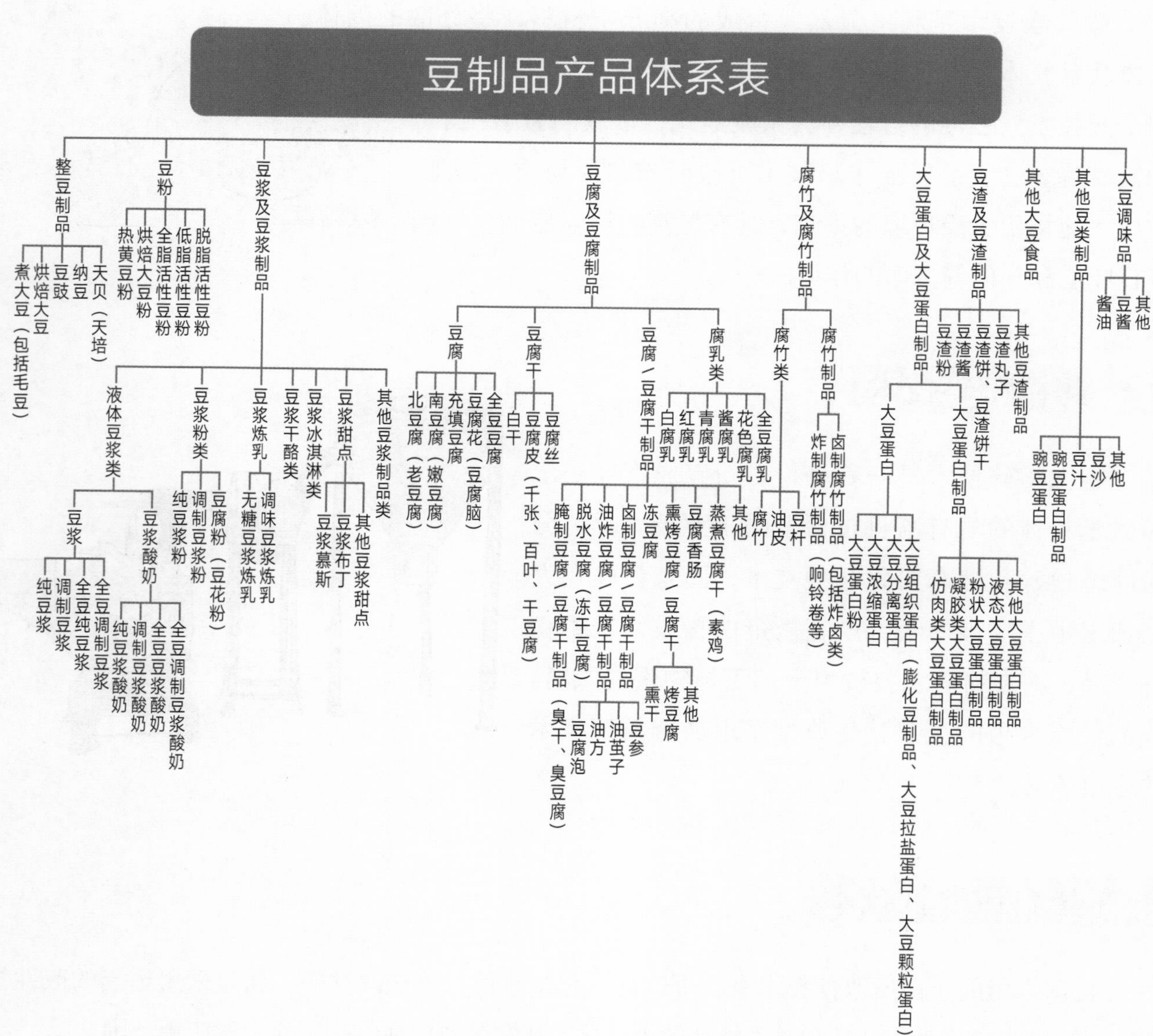
豆制品产品体系表
整豆制品
煮大豆（包括毛豆）
烘焙大豆
豆豉
纳豆
天贝（天培）
豆粉
热黄豆粉
烘焙大豆粉
全脂活性豆粉
低脂活性豆粉
脱脂活性豆粉
豆浆及豆浆制品
液体豆浆类
豆浆
纯豆浆
调制豆浆
全豆纯豆浆
全豆调制豆浆
豆浆酸奶
纯豆浆酸奶
调制豆浆酸奶
全豆豆浆酸奶
全豆调制豆浆酸奶
豆浆粉类
纯豆浆粉
调制豆浆粉
豆腐粉（豆花粉）
豆浆炼乳
无糖豆浆炼乳
调味豆浆炼乳
豆浆干酪类
豆浆冰淇淋类
豆浆甜点
豆浆慕斯
豆浆布丁
其他豆浆甜点
其他豆浆制品类
豆腐及豆腐制品
豆腐
北豆腐（老豆腐）
南豆腐（嫩豆腐）
充填豆腐
豆腐花（豆腐脑）
全豆豆腐
豆腐干
白干
豆腐皮（千张、百叶、干豆腐）
豆腐丝
豆腐/豆腐干制品
腌制豆腐/豆腐干制品（臭干、臭豆腐）
脱水豆腐（冻干豆腐）
油炸豆腐/豆腐干制品
豆腐泡
油方
油茧子
豆参
卤制豆腐/豆腐干制品
冻豆腐
熏烤豆腐/豆腐干
熏干
烤豆腐
其他
豆腐香肠
蒸煮豆腐干（素鸡）
其他
腐乳类
白腐乳
红腐乳
青腐乳
酱腐乳
花色腐乳
全豆腐乳
腐竹及腐竹制品
腐竹类
腐竹
油皮
豆杆
腐竹制品
卤制腐竹制品（包括炸卤类）
炸制腐竹制品（响铃卷等）
大豆蛋白及大豆蛋白制品
大豆蛋白
大豆蛋白粉
大豆浓缩蛋白
大豆分离蛋白
大豆组织蛋白（膨化豆制品、大豆拉盐蛋白、大豆颗粒蛋白）
大豆蛋白制品
仿肉类大豆蛋白制品
凝胶类大豆蛋白制品
粉状大豆蛋白制品
液态大豆蛋白制品
其他大豆蛋白制品
豆渣及豆渣制品
豆渣粉
豆渣酱
豆渣饼、豆渣饼干
豆渣丸子
其他豆渣制品
其他大豆食品
其他豆类制品
豌豆蛋白
豌豆蛋白制品
豆汁
豆沙
其他
大豆调味品
酱油
豆酱
其他